BoD™
BOOKS on DEMAND

Es ist unsere Welt. Wir sollten sie respektvoll und liebevoll behandeln und alles tun, um sie für unsere Kinder zu erhalten...

Besuchen Sie auch:

www.dieselbstversorgerfamilie.com

&

www.solaranlagen-tests.de

Julian Haertl

Solaranlagen Knowhow

Praktisches Wissen – Leicht verständlich erklärt

Geld sparen mit „Do it yourself"

Tipps & Tricks für die Selbstmontage

mit Selbstbau-Anleitung für Solarthermie-Anlagen

<u>**Achtung!**</u>

Alle Informationen in diesem Buch sind selbst recherchiert. Dennoch ist es nicht auszuschließen, dass sich der ein oder andere sachliche Fehler eingeschlichen hat. Der Autor übernimmt keinerlei Verantwortung oder Haftung für sämtliche Inhalte bzw. für Nachteile und Schäden, die dem geschätzten Leser dadurch widerfahren könnten. Beim Umgang mit Strom und Wasser ist äußerste Vorsicht geboten. Dieses Buch ist selbstverständlich nur ein informativer Leitfaden, und ersetzt natürlich keinen Elektriker oder Sanitärinstallateur.

Bibliografische Information der Deutschen Nationalbibliothek: Die Deutsche Nationalbibliothek verzeichnet diese Publikation in der Deutschen Nationalbibliografie; detaillierte bibliografische Daten sind im Internet über http://dnb.dnb.de abrufbar.

© 2017 Julian Haertl

Herstellung und Verlag: BoD – Books on Demand, Norderstedt

ISBN: 978-3-7448-1665-6

Kapitel 1: Allgemeines zu Solaranlagen

Als vor gut 4,3 Milliarden Jahren unser Sonnensystem entstand, fingen die Planeten an, um die Sonne zu kreisen. Mit anderen Worten dreht sich seitdem alles um die Sonne. Alles, was je auf diesen Planeten, der Erde eingeschlossen, passieren sollte, war nur der schier unerschöpflichen Energie der Sonne zu verdanken. Die Sonne ist das atomare Bollwerk, das wir auf der Erde nicht brauchen, und liefert täglich Energie im Überfluss. Nur nutzen müssen wir ihre Energie richtig. Also brauchen wir geeignete Systeme, um das Maximum an Energie aus der Sonne heraus zu holen. Ebenso brauchen wir geeignete Speicher und Regelsysteme. Solaranlagen-Tests haben seit Jahrzehnten dazu beigetragen, die Weiterentwicklung von Solarzellen voran zu bringen. Als die Entwicklung von Solarzellen noch in den Kinderschuhen steckte, war der Wirkungsgrat dementsprechend gering, und der Kosten-Nutzen-Aufwand stand in keinem Verhältnis. Heute braucht eine Solarzelle nur ca. zwei Jahre bei durchschnittlicher Sonneneinstrahlung wie in Mitteleuropa, um die Energie zu produzieren, die gebraucht wurde, um die Solarzelle samt Zubehör zu produzieren. Bis Anfang 2016 lag die Menge an Solarstrom bei ca. 40 GWp. All das sind nur rechnerische Zahlen, die mit dem tatsächlichen Verbrauch von Solarstrom nicht allzu viel zu tun haben. Auch der angestrebte Ausbau der erneuerbaren Energien auf 80 Prozent bis 2050 ist bei weitem nicht zu Ende gedacht und vernachlässigt, dass die verbrauchte Energie in Deutschland aus noch viel mehr als nur Elektrizität besteht. Man sollte hier besser von einer versuchten Stromwende reden. Aber sich eine Solaranlage zu beschaffen, so wenig wie möglich Strom zu verbrauchen und mit gutem Beispiel voran zu gehen, ist auf jeden Fall der richtige Weg. Als Anfang dieses Jahrtausends in Deutschland angefangen wurde, Solaranlagen und Solarstrom unter Rot-Grüner Flagge zu subventionieren, war es der Anfang einer guten Entwicklung. Die ersten Solaranlagen-Besitzer wurden belächelt und als Ökos und Hippies betitelt. Zu dieser Zeit hörte man oft Sätze wie „Das lohnt sich doch gar nicht" oder „Das Haus sieht aber hässlich aus mit den Solarzellen". Doch im Grunde hat es sich damals, jedenfalls finanziell, auch schon gelohnt. Menschen, die das Wissen hatten, sich Anlagen zu konstruieren, die auch Speichermöglichkeiten hatten und den Eigenverbrauch mit wenigen Verlusten zuließen, hatten damals jedenfalls keine hohe Stromrechnung.

Jeder konnte die Entwicklung beobachten, denn es war wie eine ansteckende Krankheit. Tatsächlich wurde es von einigen wie eine Art Seuche gesehen, die unsere guten deutschen Hausdächer mehr und mehr verschandelte. Doch diese Menschen waren meist am anfälligsten für diese Krankheit, denn spätestens ein paar Jahre später, als die Solaranlagen langsam aber sicher immer günstiger wurden, waren sie selbst infiziert, denn die staatlich garantierte Förderung war mittlerweile zu einem Geschäft geworden. Immer mehr Anlagen entstanden, und die Stromrechnungen stiegen an. Und die Menschen, die sich keine Anlagen leisten konnten oder wollten oder schlichtweg keine Möglichkeit zur Installation dieser hatten, hatten das Nachsehen. Gerade die Menschen im ländlichen Bereich witterten nun eine gute Möglichkeit, „ihre Mäuse zu vermehren". Auch die Landwirte sprangen auf diesen Zug auf. Gerade sie waren es, die nach neuen Investitionsmöglichkeiten suchten, um in Zeiten stark fluktuierender Milchpreise ein festes Standbein zu haben. Ihnen wurde sogar mehr oder weniger politisch verordnet, dass sie sich lieber nach Alternativen umsehen sollten, da der Staat ansonsten nicht für ihre Existenz garantieren könne. Und so kam es, wie es kommen musste, und viele Bauern fingen an, Bauanträge für „Maschinenhallen" zu stellen. Tatsächlich wurden die Gebäude mit 25 Prozent Dachschräge in Südausrichtung selten wirklich benötigt, aber was man hat, das hat man. Und vor allen Dingen eine Solaranlage. Im Jahre 2010 stiegen die Bauanträge für Hallen in ländlichen Bezirken drastisch an. Wie es sein konnte, dass so viele Hallen genehmigt wurden, kann rückblickend

eigentlich nur daran gelegen haben, dass den Bauäm-
tern sicherlich die Sache entglitten war. Denn nach so
vielen Genehmigungen konnte man ja dem nächsten
Antragsteller keine Ablehnung des Antrages mehr
geben, da ansonsten sofort die Frage aufgekommen
wäre, warum der Nachbar eine Solarhalle bauen darf,
man selber nicht.

Und so entstand innerhalb kürzester Zeit eine Solarhalle nach der anderen, um die inzwischen wirklich
lukrative Förderung für Solaranlagen für 20 Jahre
garantiert zu bekommen. Selbst wenn man sich das
Geld von der Bank leihen musste, sollte sich die Investition lohnen. Das konnte sicher nicht im Sinne

des Erfinders gewesen sein, denn mittlerweile war die Installation einer Solaranlage fast nur noch eine subventionierte Finanzinvestition. Der Gedanke der erneuerbaren Energie rückte mindestens eine Reihe zurück, obwohl dieser immer im Vordergrund hätte stehen müssen.

Die Politik handelte und steuerte mit dem drastischen Beschnitt der Subventionen entgegen. So kam es, dass viele Firmen, die inzwischen in den letzten Jahren vom Boom der Solaranlagen profitiert hatten, plötzlich vor einer völlig ungewissen Zukunft standen. Tausende Arbeitsplätze, die in den letzten Jahren geschaffen worden waren, standen auf einmal vor dem Aus. Der echte Anteil der Solarsubventionen an der Stromrechnung war allerdings noch so verschwindend gering, dass ein solch drastisches Handeln völlig überflüssig war. Vielmehr hätte man im Bereich der Windkraftanlagen die Förderung viel mehr und eher deckeln müssen. Denn hier verdienten hauptsächlich die Großinvestoren und nicht die Besitzer von Einfamilienhäusern. Leider wurde dadurch der weitere Solaranlagenboom total ausgebremst und Zigtausende Arbeitsplätze vernichtet. Doch mittlerweile sind die Solaranlagen sehr günstig geworden, und bei der Installation einer bedarfsgerechten Anlage - vielleicht sogar in Kombination mit einem kleinen Windrad - wird jeder Solaranlagen-Besitzer seine Investition nach fünf bis acht Jahren wieder verdient haben und ab den Zeitpunkt sogar viel Geld mit seiner Anlage sparen. Doch es sollte natürlich der Umweltgedanke im Vordergrund stehen, denn mit der Kraft der Sonne lässt sich leicht das gesamte

Brauchwasser erwärmen und auch der gesamt benötigte Strom produzieren.

Durch intelligente Wechselrichter ist es heute sehr viel einfacher, seinen Strom selber zu erzeugen. Wenn man große Verbraucher ersetzt, wie z.B. E-Herd gegen Gasherd und den Trockner kaum laufen lässt, sondern die Wäsche zum Trocknen stattdessen einmal öfter aufhängt, schont man so nicht nur Ressourcen, sondern auch den eigenen Geldbeutel. So ist es tatsächlich möglich, nach wenigen Jahren nicht viel mehr als die monatliche Grundgebühr bezahlen zu müssen. Die durchschnittliche Leistung der Solarzellen sinkt zwar etwas mit der Zeit, aber im besten Falle hält die Anlage dreißig Jahre lang. Dann lohnt es sich sicherlich zu erneuern. In diesem Sinne sollte also jeder, der die finanzielle Möglichkeit hat, die Gelegenheit beim Schopfe packen, und sich sofort eine Solaranlage für Strom und eine thermische Solaranlage für warmes Brauchwasser zulegen. Die thermische Solaranlage wird gefördert, und wenn man sie günstig kauft (gute Anlagen sind zu finden auf (www.solaranlagen-tests.de) und vielleicht mit etwas Geschick auch noch selber installiert, kostet die ganze Anlage höchstens ein paar hundert Euro. Dieses Geld hat man spätestens nach zwei bis drei Jahren wieder eingespart. Es ist also wirklich für alle, die ein Eigenheim haben, machbar und auch erschwinglich. Ich selber habe seit Jahren Solaranlagen und freue mich jeden Tag darüber. Es fasziniert mich, wie einfach es ist, Strom und warmes Wasser selbst zu produzieren, und jeder Tag mit Sonnenschein ist auf einmal doppelt so viel wert.

In diesem Buch wollen wir uns nicht mit Fachchinesisch befassen, sondern das Wissen soll allgemeinverständlich und unkompliziert vermittelt werden. Auch „was wäre, wenn" und rechtliche Hinweise sowie Finanzierungstipps fehlen hier ganz bewusst. Es soll hier nur um das Wesentliche gehen.

Kapitel 2: Aufbau von Thermischen Solaranlagen

Die thermische Solaranlage (Bild: Röhrenkollektor)

Die thermische Solaranlage hat nichts mit Stromproduktion zu tun. Sie ist dafür zuständig, warmes Brauchwasser zu produzieren oder beispielsweise das Wasser in einem Schwimmbecken aufzuwärmen. Durch den Einsatz verschiedener Materialien und eine möglichst große Kollektorenoberfläche kann das Wasser in einem Speicher dadurch bis zu 70 °C erhitzt werden. Abhängig ist dies jedoch von der Sonneneinstrahlungsintensität sowie der Sonnenscheindauer. Sie ist folgendermaßen aufgebaut:

Bauteile – der Kollektor

Es gibt Flachkollektoren und Röhrenkollektoren. Beide werden vom Staat gefördert (Stand 2017). Hier wird die Sonnenenergie zu Wärme umgewandelt und auf das Wasser, das sich im Heizkreislauf der thermischen Solaranlage befindet, übertragen. Man kann sich das im Prinzip vorstellen wie einen Gartenschlauch, der in der Sonne liegt. Nach einiger Zeit ist das Wasser darin warm. Die schwarzen Kollektoren nutzen und verbessern sogar dieses Prinzip.

Flachkollektoren:

Sie sind mit ca. 90 Prozent Marktanteil führend in Deutschland. Ähnlich wie bei den Fernsehern hat sich hier flach gegen Röhre durchgesetzt. Sie gelten als langlebig und robust, sind in der Regel aber nicht so effektiv wie Röhrenkollektoren. Außerdem sind sie natürlich optisch etwas schöner anzusehen und lassen somit mehr gestalterischen Freiraum. Der Aufbau von Flachkollektoren ist einfach. Sie bestehen aus dem Absorber, dem Flachkollektorgehäuse und einer Abdeckplatte, die auch „Solarglas" genannt wird. Die Sonnenstrahlen fallen durch das Solarglas auf die darunterliegenden Absorber-Platte. Unter der Platte verlaufen die Heizschlangen, die durch einen Vor- und Rücklauf mit dem Heizkreis verbunden sind. Flachkollektoren haben durch ihre kompakte Bauweise meistens einen höheren Wärmeverlust.

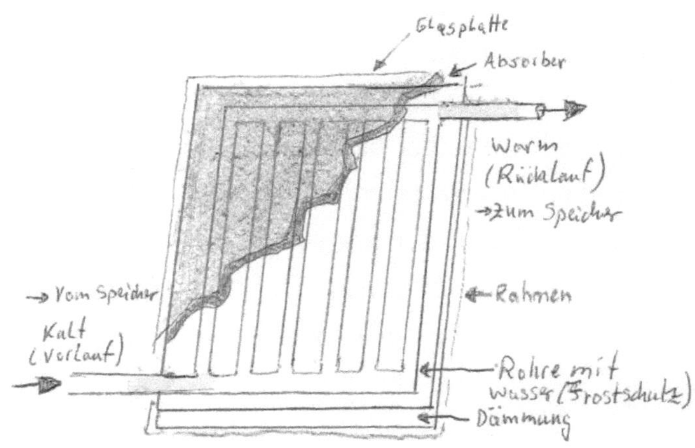

Röhrenkollektoren:

Das Prinzip der Thermoskanne nutzen die Röhrenkollektoren für die Wärmegewinnung. In den Röhren herrscht Vakuum, und somit sind die Röhrenkollektoren effizienter, da es weniger Wärmeverluste gibt. Die Wärme wird von einem Kupferkern über den Sammler auf das im Heizkreis befindliche Medium übertragen.

Offensichtlich bevorzugen aber viele Menschen Flachkollektoren, weil sie optisch ansprechend erscheinen und zudem günstiger sind.

Zudem brauchen Röhrenkollektoren im Vergleich weniger Fläche für die gleiche Wärmeleistung. Letzten Endes sind aber beide Kollektorsysteme ähnlich effizient.

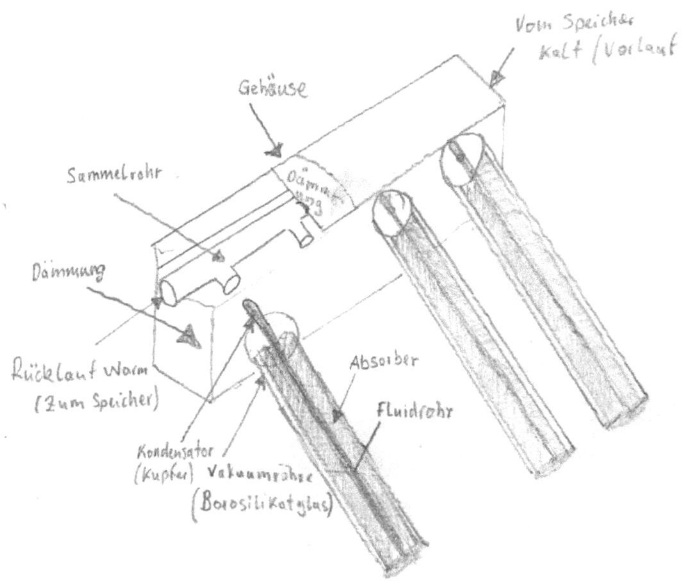

Der Heizkreis - Vor und Rücklauf

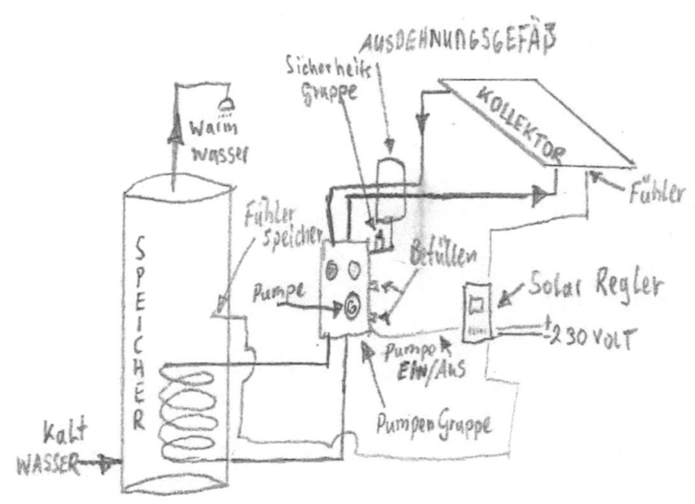

Die Wärme muss natürlich zum Speicher transportiert werden. Dies geschieht in dem Heizkreis, der
aus einem Vor- und einem Rücklauf besteht. Das
Medium im Heizkreis ist Wasser, in das eine be-
stimmte Menge Frostschutzmittel gegeben wird, damit die Anlage auch bei tiefen Temperaturen gut arbeiten kann. Der Heizkreis besteht meistens aus einem Edelstahlwellrohr, das flexibel und einfach zu
verlegen ist. Das Edelstahlwellrohr sollte am besten
ausreichend gedämmt sein, um Wärmeverluste zu
minimieren. Meist ist am kühleren Vorlauf außen an
der Dämmung gleich ein zweipoliges Kabel für den
Temperaturfühler für den/die Solarkollektoren ange-

bracht. Die Anschlüsse des Edelstahl-Wellrohres müssen gebördelt werden. Dies macht man am besten mit einem speziellem Gerät oder man verwendet ein Ein- oder Zwei-Euro-Geldstück (je nach Durchmesser des Rohres).

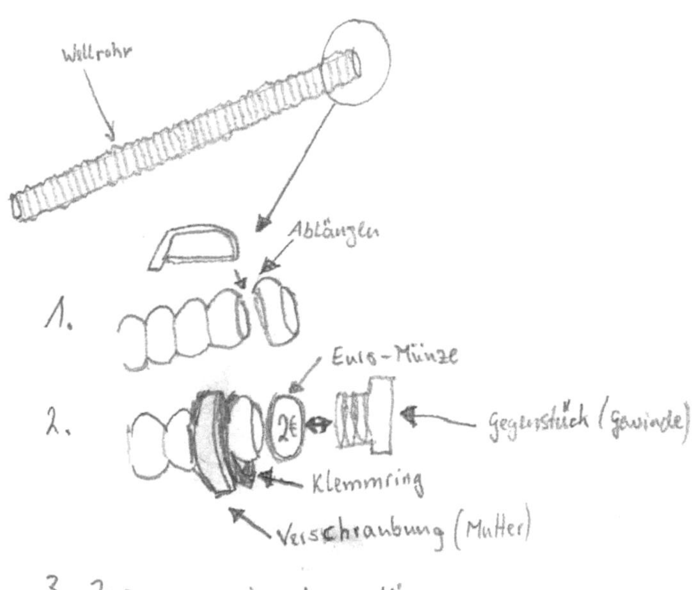

Die Solar-Pumpengruppe

Sie besteht im Wesentlichen aus der Pumpe, den Anschlüssen für den Vor- und Rücklauf des Edelstahl-Wellrohres und den Anschlüssen für Vor- und Rücklauf zum Speicher. Die Pumpengruppe und der Speicher müssen mit Kupferrohren verbunden werden. Entweder müssen diese heißgelötet werden oder mit speziellen Verbindern, die mehr Hitze vertragen können, gepresst werden. Außerdem hat die Pumpengruppe die Anschlüsse zum Befüllen des Heizkreises und den Anschluss für die Sicherheitsgruppe und das Ausdehnungsgefäß. Die Sicherheitsgruppe und das Ausdehnungsgefäß gehören zu jedem Heizkreis, weil das Wasser sich mit zunehmender Erwärmung ausdehnt. Die Sicherheitsgruppe verhindert das Platzen der Rohre durch ein Überdruckventil. An der Pumpengruppe ist am Vor- und Rücklauf jeweils ein Thermometer angebracht.

Der Speicher

Hier läuft alles zusammen. Es empfiehlt sich einen angemessen großen Speicher zu haben, da erst Anlagen ab einer bestimmten Speichergröße und Kollektorfläche gefördert werden.

Ein Solarspeicher hat meist zwei innenliegende Heizschlangen. Eine für die Solaranlagen, um die Wärme auf das Brauchwasser zu übertragen, und die andere für die Zentralheizung, die beispielsweise ein wasserführender Kamin, eine Gas- oder Ölheizung oder eine Pelletheizung sein kann. Es gibt auch die Heizungsunterstützende Variante mit zwei Speichern, wobei der Solarspeicher nur ein Speicher des anderen Heizkreises ist oder nur ein Speicher mit einer Heizspirale, wenn das Brauchwasser auf andere Weise aufgeheizt wird, denkbar bei einer Gasheizung mit Durchlauferhitzer.

Bilder von 3 verschiedenen Speichervarianten

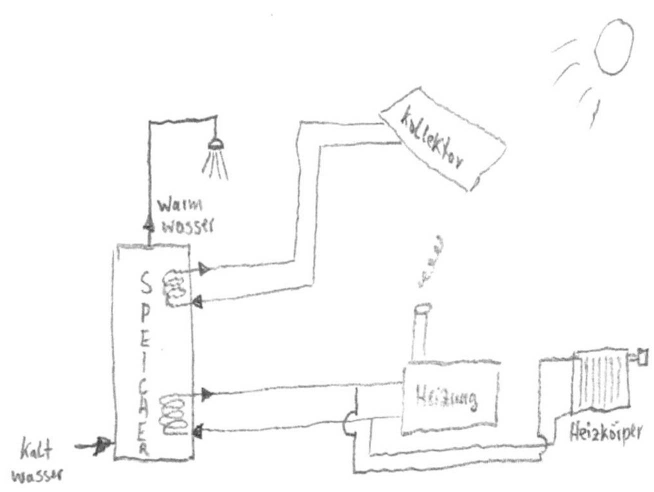

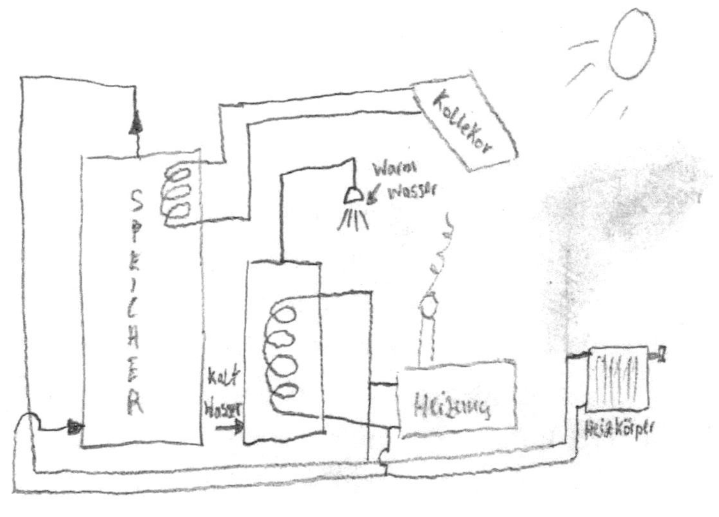

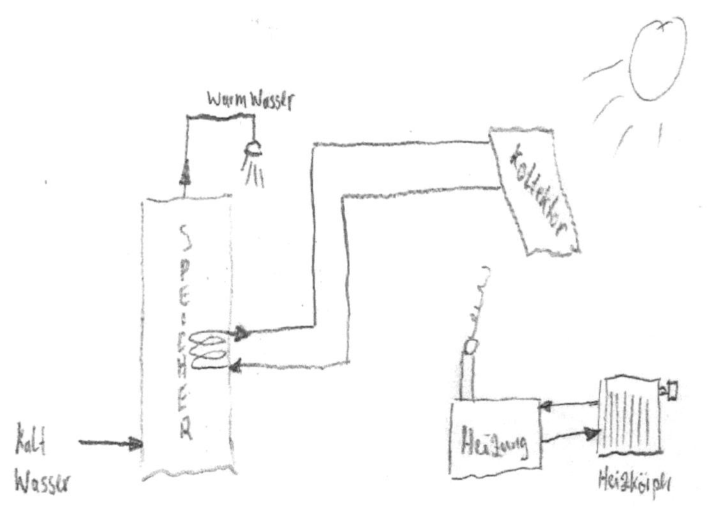

Die Solarsteuerung

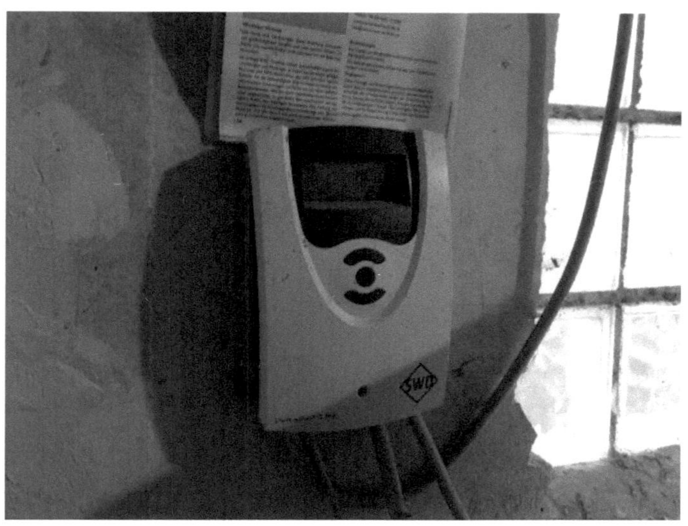

Die Solarsteuerung ist dafür zuständig, die Pumpe des Heizkreises zu steuern. Es bestehen Verbindungen mittels Thermostat zum Speicher und zum Kollektor. So wird die Pumpe eingeschaltet, wenn zum Beispiel das Wasser im Speicher mehr als zehn Grad kälter ist als im Kollektor. Es gibt viele weitere Optionen, aber im Grunde ist dies die Hauptfunktion der Solarsteuerung. Ich empfehle auch hier, immer alles so simpel und einfach wie möglich zu halten.

Förderung von thermischen Solaranlagen

Für die Förderung von Solarthermie-Anlagen sollte man unbedingt folgende Fakten in Erfahrung bringen: Wieviel Kollektorfläche brauche ich, welche Speichergröße, und ist die Installation heizungsunterstützend? Da sich die Bedingungen hier und da öfter einmal ändern, kann ich hier keine pauschalen Daten anbieten. Ansonsten gilt:

Förderung für Solarthermie-Anlagen

Sie werden von der Bafa (Bundesamt für Wirtschaft und Ausfuhrkontrolle) gefördert.

Hier einige wichtige Eckpunkte:

- Die Solarkollektoren müssen auf der Liste der förderfähigen Kollektoren des BAFA stehen.

- Bruttokollektorfläche mindestens drei bis max. 40 Quadratmeter, Pufferspeichervolumen mindestens 200 Liter. (Anlagen zur ausschließlichen Trinkwassererwärmung). Bei Vakuumröhrenkollektoren muss die Kollektorfläche mindestens sieben Quadratmeter betragen.

- Pro Quadratmeter Kollektorfläche muss der Wasserspeicher 50 Liter Volumen aufweisen.

Werden Flachkollektoren gewählt, muss die Bruttofläche mindestens neun Quadratmeter betragen, und pro Quadratmeter sind 40 Liter Wasserspeichervolumen vorgeschrieben.

Quelle: BAFA

Mehr Informationen gibt es auf der BAFA-Homepage.

Reinigung von Solaranlagen

Solar- und Solarthermie-Anlagen sollten regelmäßig, zumindest alle zwei Jahre gereinigt werden. Aber Vorsicht: Nicht jedes Reinigungsmittel ist dafür geeignet. Sanfte Reiniger und weiche Bürsten sowie eventuell eine Teleskopstange sind die beste Möglichkeit zur schonenden Reinigung der Anlage. Gute und günstige Sets gibt es im Internet

Kapitel 3: Aufbau von Photovoltaik-Anlagen

Solaranlagen können fast überall installiert werden, vorausgesetzt, es findet sich die geeignete Fläche. Diese kann sogar der Balkon oder das Fenster einer Mietswohnung sein, wenn die Ausrichtung nicht gerade nach Norden ist. Natürlich kann man dann nicht den gesamten Bedarf an Strom selber produzieren, aber immerhin einen Teil. Wer größere Flächen zur Verfügung hat, sollte diese unbedingt ausnutzen. Für jede Dachvariante gibt es das passende Montagematerial.

Solarmodule bestehen aus einem Rahmen und einer Trägermaterie, auf denen die Solarzellen aufgebracht sind. Darüber liegt ein Spezialglas, das besonders widerstandsfähig gegen Witterungseinflüsse ist. Sie können je nach Solarzelle wie folgt in monokristalline, polykristalline oder Dünnschichtmodule eingeteilt werden. Die Solarzellen unterscheiden sich hierbei nur durch die Werkstoffe, Herstellung und Wirkungsgrad. Doch wie funktioniert das Ganze? - Durch die Ausnutzung des sogenannten photoelektrischen Effektes: Hierbei wird Sonnenlicht in Gleichstrom umgewandelt. Da eine einzelne Solarzelle nur sehr wenig Strom produziert, werden mehrere Zellen hintereinander geschaltet. Der produzierte Gleichstrom wird durch die Solarkabel, die meist einen großen Durchmesser haben, um Verluste zu reduzieren, zum Wechselrichter oder Batterieladegerät transportiert. Bei einem Wechselrichter wird der Gleichstrom zu Wechselstrom transformiert und kann somit direkt im eigenen Haushalt oder in der Firma verbraucht werden. Überschüsse werden in das Stromnetz eingespeist und vergütet. Meistens muss so eine Anlage von einem Elektriker des Netzanbieters abgenommen werden und vorher von einem Elektriker angeschlossen werden. Dabei wird oftmals der Stromzähler getauscht, da nun ja nicht nur Strom verbraucht, sondern auch eingespeist wird. Der Elektriker übernimmt meist die Anmeldung so einer Anlage. Bei einer reinen Batterielade-Anlage, die beispielsweise für Notstrom oder Campingzwecke verwendet wird, steuert das Ladegerät die Aufladung der Batterie. An die Batterie, zum Beispiel eine Solarbatterie oder Autobatterie mit 12 Volt oder 24 Volt, kann dann ein Wechselrichter angeschlossen werden, der den Gleichstrom aus der oder den Batterien in Wechselstrom mit 230 Volt umwandelt. So können gängige Elektrogeräte oder eine Umwälzpumpe auch bei Stromausfall und an Orten ohne Strom betrieben werden.

Solarmodule:

Die verschiedenen gängigen Modultypen haben jeweils ihre besonderen Eigenschaften und Herstellungskten. Unterschiede bei Wirkungsgrad und Schwachlichtverhalten sind hier die ausschlaggebenden Parameter. Doch dies ist für das Grundwissen über Solartechnik nicht weiter relevant. Bei der Leistung von Photovoltaikanlagen geht es meist um Wp (Watt Peak) oder kWp (Kilowatt Peak). Dabei bedeutet "peak" die höchstmögliche Leistung der Solaranlage. Erfahrungsgemäß lagen diese Werte meist sogar etwas unter den tatsächlichen. Diese wird auch Nennleistung genannt und ist bei jedem Modul angegeben.

Wechselrichter:

Durchgesetzt haben sich heute Wechselrichter, die mehr können, als nur aus Gleichstrom Wechselstrom zu machen. Wechselrichter für Hausanlagen haben meist mehrere Anschlüsse für die sogenannten

Strings. Diese sind nichts anderes als die Plus- und Minus-Anschlüsse des jeweiligen Stromkreises der zusammengeschalteten Solarzellen (Reihenschaltung). Viele Wechselrichter lassen sich Computer überwachen, bis hin zu Apps, die die Sonnenausbeute jederzeit aufs Handy senden. Doch die wirklich sinnvolle Lösung ist ein Wechselrichter, der mehr kann, als nur Gleichstrom zu Wechselstrom zu transformieren.

Weiteres Zubehör:

Solarkabel gibt es natürlich in diversen Ausführungen. Am gängigsten sind sie zwischen vier und sechs Millimeter Durchmesser. Des Weiteren gibt es diverses Montagematerial für die verschiedensten

Dächer und Gestänge zum Aufständern, wenn nicht genug Neigung besteht oder keine Dachfläche eine südliche Ausrichtung hat. Das Montagematerial und die Tragschienen sind überwiegend aus Aluminium gefertigt, damit sie leicht und wetterbeständig sind. Akkus für Hybridanlagen sollten aus Umweltschutzgründen immer Gelakkus sein, denn diese können zu 100% recycled werden, halten länger und haben einen besseren Wirkungsgrad.

Reinigung von Solaranlagen:

Auch hier gilt:

Solar- und Solarthermie-Anlagen sollten regelmäßig zumindest alle 2 Jahre gereinigt werden. Aber Vorsicht: Nicht jedes Reinigungsmittel ist dafür geeignet. Sanfte Reiniger und weiche Bürsten sowie eventuell eine Teleskopstange sind die beste Möglichkeit zur schonenden Reinigung ihrer Anlage. Gute und günstige Sets gibt es im Internet.

Kapitel 4: Licht, Ausrichtung, Sonnenstunden, Förderung

Ausrichtung

Die Ausrichtung der Solaranlage ist natürlich sehr wichtig. Eine Ausrichtung nach Süden mit einem Winkel von 20 bis 30 Grad ist die perfekte Voraussetzung für den effektivsten Betrieb der Solaranlage. Wenn die Anlage nach Süd-Ost oder Süd-West ausgerichtet ist, kann man auch noch gute Erträge erwarten. Falls in diese Richtungen keine Flächen zur Verfügung stehen, empfehlen sich spezielle Module die effizienter mit weniger Sonneneinstrahlung arbeiten wie zum Beispiel Dünnschichtmodule.

Verschattung

Es kommt natürlich immer darauf an, wie viel, wie lange, aus welcher Richtung und bei welchem Sonnenstand die Anlage verschattet wird. Falls Bäume im Weg sind, lässt sich eventuell im Vorwege klären, ob die Bäume gestutzt, ausgelichtet oder gefällt werden können. Wenn Gebäude im Weg sind, kann man meist nicht viel mehr machen, als sich einen anderen Platz zu suchen. Wenn man flexibel genug ist, könnte man sogar über einen Umzug nachdenken. Schließlich kann man sich im besten Fall sagen, dass man dann endlich keinen Atom- oder Kohlestrom mehr verwendet.

Worauf muss ich achten?

Die wichtigsten Angaben bei Solarzellen sind Wirkungsgrad, Haltbarkeit, und Schwachlichtverhalten. Des Weiteren sind natürlich der Preis, eventuell Gewicht und Störanfälligkeit ausschlaggebend. Diese Angaben sind oftmals in den Angeboten angegeben und können meistens beim Händler erfragt werden.

Wie hoch ist die Solarförderung?

Die Förderung von Strom, der aus Solarenergie gewonnen und eingespeist wird, wird mit derzeit (Stand 2017) mit ca. 12 Cent / Kwh vergütet. Bei Anlagen über 40 Kwh Spitzenleistung (peak) sinkt die Vergütung. Für die genaue Vergütung lohnt sich ein Blick ins Internet. Auch im europäischen Ausland wird Solarstrom teilweise gefördert. Wer eine Solaranlage bauen und Strom einspeisen will, der wende sich am besten an den regionalen Netzbetreiber (meist Eon, Vattenfall usw.) Oder man fragt den Elektriker.

Wenn eine Solaranlage mit Eigenstromverbrauch angeschlossen wird, was man immer machen sollte, verbraucht man den selbstproduzierten Strom selber und spart somit bei jeder Kilowatt-.Stunde ca. 30 Cent (Strompreis, den man sonst bezahlen müsste).

Zu beachten ist auch, dass Photovoltaik-Anlagen maximal 70 Prozent von ihrer Nennleistung in das Stromversorgungsnetz einspeisen dürfen (maximal 70 Prozent werden vergütet). Deswegen lohnt sich der Stromselbstverbrauch alle mal.

Wo scheint die Sonne wieviel?

Hierbei unterscheidet man die Sonnenscheindauer (Sonnenstunden) und die Globalstrahlung. Die Globalstrahlung zeigt auf, wie viel KWh pro Quadratmeter und Jahr an welchem Standort zu erwarten ist. In Deutschland kann man von einem Durchschnittswert von 1050 KWh ausgehen, wobei die Strahlung von Süd nach Nord abnimmt.

Skizze Sonnenkarte Deutschland (Circa-Angaben)

Wie viel Ertrag?

Man kann die zu erwartende Solarernte in etwa berechnen: Will man sich zum Beispiel eine Anlage mit 10 KWp anschaffen und erwartet eine Globalstrahlung von 1000 Kw, so gilt folgende Rechnung: 10 x 1000Kw = 10000 KW Solarertrag. Nun muss man aber etwa 10 Prozent Leistungseinbuße des Wechselrichters abziehen und kann so von etwa 9000 KW / Jahr ausgehen. Das ist mehr als das Doppelte eines Fünf-Personen-Haushaltes.

Beispielrechnung einer 2017 neu errichteten Solaranlage:

Anschaffungskosten:
(Anlage gekauft über www.solaranlagen-tests.de)

- Testsieger - Komplettset 4,5KW Photovoltaikanlage mit Wechselrichter und Montagesystem für Dachpfanne Zulassung nach VDE-AR-N4105

- Preis: 4600,00 Euro

- Installationskosten und Elektrikerkosten ca. 600,00 Euro

- Neuer Stromzähler und Kosten bei Eon ca. 200,00 Euro

- Ausgaben: 5400,00 Euro

- Standort: Deutschland, durchschnittlich 1600 Sonnenstunden.

Da eine PV-Anlage aber auch Strom ohne direkte Sonneneinstrahlung macht und die Sonne natürlich nicht die ganze Zeit im gleichem Winkel darauf scheint, sollte man mit folgender Zahl rechnen: 1 KWp (Kilowatt peak) = 1100 KWh (Kilowatt-Stunden) pro Jahr x 4,5 KWp (Leistung der Anlage). Somit würde die Anlage 5000 Kilowattstunden pro Jahr erwirtschaften also mehr, als ein Vier-Personenhaushalt (3800 KW) durchschnittlich verbraucht.

Wenn man dann davon ausgeht, dass man selbst ca. 2000 KW verbraucht (2000 x 30 Cent = 600 Euro), 3000 KW in das Stromnetz einspeist und dafür 12 Cent bekommt (3000 x 12 Cent = 360 Euro), ergibt das einen Betrag von 960 Euro. Bei weiter steigenden Strompreisen kann man rechnen, dass man die Anlage in ca. fünf Jahren wieder erwirtschaftet hat und ab da eine hübsche Summe im Monat übrig hat - und zudem natürlich seinen eigenen Strom produziert und verbraucht. Zur Sicherheit empfiehlt es sich, beim zuständigen Finanzamt nach zu fragen, ob eine Gewerbeanmeldung für die Anlage nötig ist.

Soviel Kraft hat die Sonne bei uns

Man kann rechnen, dass etwa 1000 Kilowattstunden eingestrahlte Sonnenenergie, pro Quadratmeter und pro Jahr, ungefähr mit der Energie von 100 Litern Heizöl oder 100 Kubikmetern Erdgas zu vergleichen sind.

Kapitel 5: Kleine Elektrokunde

In diesem Kapitel gehen wir auf die Elektrik ein. Alle, die im Physikunterricht nicht gut waren oder alles wieder vergessen haben, können hier die wichtigsten Grundlagen noch einmal auffrischen. Denn wenn man sich mit Kauf und Planung einer Solaranlage befasst und einige Dinge im Zusammenhang mit Solarzellen nicht versteht, empfiehlt es sich, sich etwas Zeit zu nehmen, um hinterher mehr Durchblick zu haben. Außerdem kann einem dieses Wissen bares Geld sparen, denn wenn man selber weiß, wie viel die eigene Anlage produziert und was Dinge wie Staubsauger, Waschmaschine und Co verbrauchen, kann man auf ein teures intelligentes Strom-Management-System verzichten. Man kann schlichtweg einfach besser die verschiedenen Angebote vergleichen und als kleinen Bonus ab jetzt den Kindern besser im Physikunterricht helfen.

Die meisten Menschen haben einfach schon ein Problem, sich vorzustellen, was elektrischer Strom ist. Doch wenn man das Ganze einmal richtig verstanden hat, ist man schon ein Stück weiter. Die Ausdrücke Spannung und Strom lassen sich am besten mit einem Wassermodell erklären.

Am besten fangen wir mit einem einfachen Akku an:

Ein geladener Akku ist eine Spannungsquelle, am besten verdeutlicht als Wassermodell.

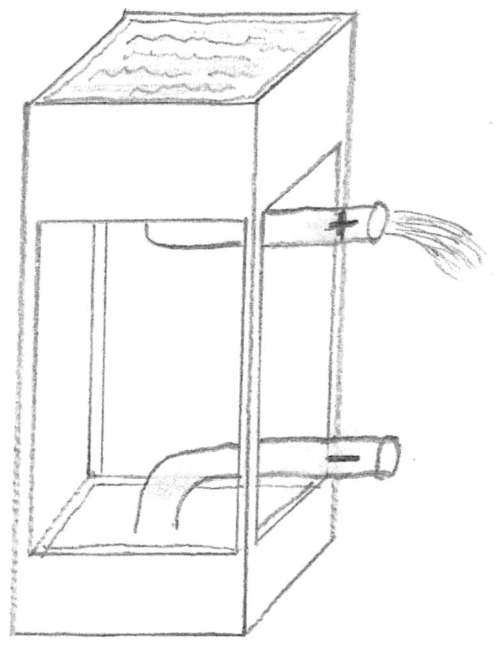

Wir sehen ein Wasserbecken, das mit Wasser gefüllt ist. Aus dem Becken führt ein Rohr. Wenn man das Rohr mit einem Finger zuhält, spürt man den Druck. Umso mehr Wasser im Becken ist, desto mehr Druck ist auf dem Finger. So haben wir jetzt das, was Spannung ist, bereits verstanden! Somit ist unser Wasserbecken sozusagen unsere Spannungsquelle. Gehen wir wieder zum Akku und sehen uns diesen genau an:

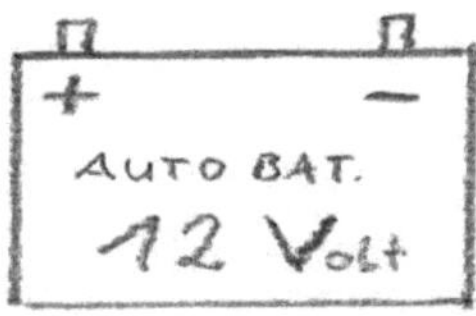

Auf jedem Akku ist die Angabe „Volt" zu lesen (in V abgekürzt). Volt ist die Einheit der Spannung, also mehr Volt, mehr Spannung. Im Wassermodell entspricht Volt der Höhe des Wassers im Wasserbecken. Dort wäre es dann in Metern angegeben. Bei einem vollen Akku entspricht die Volt-Zahl z.B. 12 Volt. Im Wasserbecken wären das 1,2 Meter. Verbrauchen wir Strom, sinkt das Wasser im Becken und es ist jetzt bei 0,8 Metern also 8 Volt.

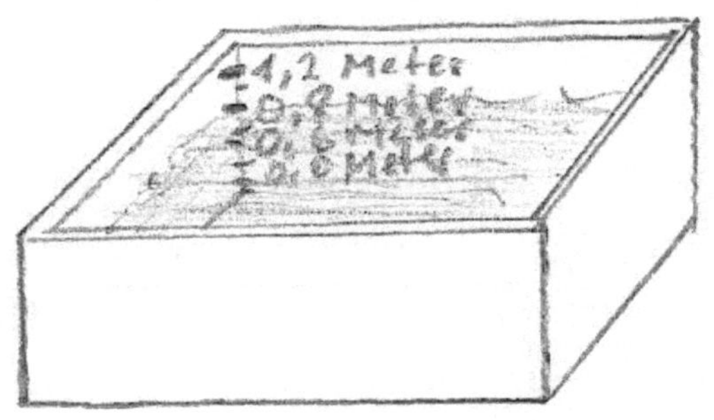

Das Wichtige hierbei: Es ist egal, wie breit das Becken ist, nur die Höhe des Wassers bestimmt den Druck (Volt). Natürlich würde ein breiteres Becken länger brauchen, um leer zu laufen. Bei einem Akku (hier z.B. eine Autobatterie) würde es bedeuten, dass sie länger hält (die Spannung hält). Bei einer Autobatterie ist diese Angabe auch immer angegeben und zwar in Ampere-Stunden, „Ah" abgekürzt. Das ist sozusagen die Kapazität unseres Wasserbeckens. Unsere Autobatterie hat angenommen 60 Ah.

Außer Volt (Höhe des Wassers) und Ampere-Stunden (Kapazität) - was hier allerdings bedeutet, wieviel Wasser maximal hineinpassen könnte - gibt es noch einen wichtigen Faktor, und zwar die Menge des Wassers im Behälter, also wie viel noch drin ist. Dies ist die Ladung, die ebenfalls in Ampere-Stunden (Ah) angegeben wird.

Multipliziert man die Ladung (Ah) mit der Höhe des Wassers (Volt) erhält man die Energiemenge - Energie, die in Watt-Stunden (Wh) angegeben wird.

60 Ah x 12 Volt = 720 Wh

Das würde in der Praxis bedeuten, dass ich eine Bohrmaschine mit 720 Watt eine Stunde lang antreiben könnte.

Die Energiemenge kennen wir bereits von der unbeliebten Stromrechnung! Da steht z.B. „Verbrauch 3000 KWh", hier Kilo-Watt-Stunden, also 1Kilo = 1000. Man hat also theoretisch 3000 mal eine Stunde lang mit einem Staubsauger der 1000 Watt verbraucht gesaugt! Wenn das kein Putzfimmel ist…

Wenn man das verstanden hat, hat man auch fast schon alles verstanden, um die Angaben auf Solaranlagen zu verstehen. Nun stellen wir uns noch vor, dass wir an dem Rohr des Wasserbeckens ein Wasserrad mit einem Dynamo anschließen. Das Wasser hat somit einen Wiederstand, denn es kann nicht so schnell durch das Rohr wie sonst.

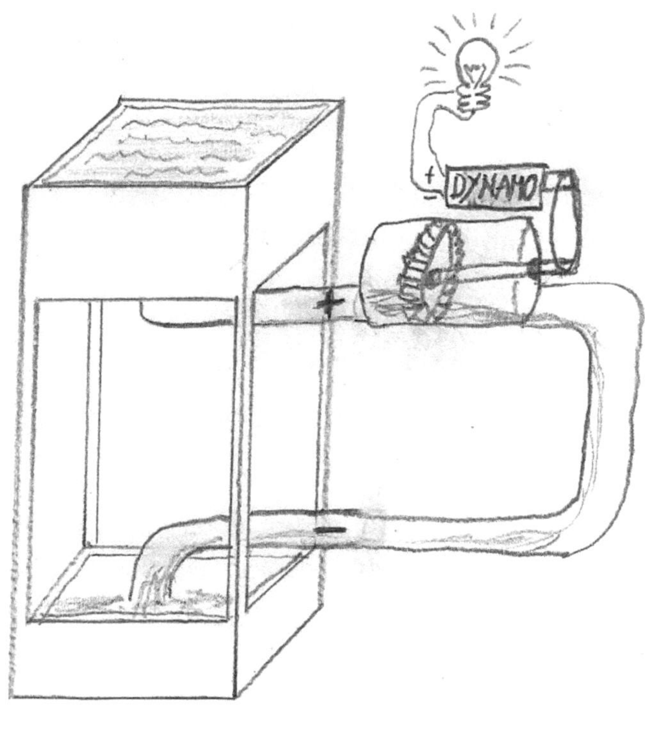

Es kommt z.B. nur mit 50 Litern pro Stunde daran vorbei. Dies stellt die Fließgeschwindigkeit, den eigentlichen elektrischen Strom (Stromstärke), dar, der in Ampere angegeben wird. Zusammengefasst ist die Spannung einer Spannungsquelle also die Ursache für den Strom. So ist die Stromstärke (Ampere) also abhängig von dem Widerstand und der Stromspannung.

Die Formel hierfür lautet I=U/R, also Stromstärke = Spannung geteilt durch Widerstand

Widerstand wird eigentlich im Elektrobereich in Ohm angegeben und kann in der Praxis alles Mögliche wie z.B. ein Föhn, ein Lötkolben oder ein Toaster sein.

Solaranlagen produzieren übrigens Gleichstrom, der Unterschied zu Wechselstrom (Haushaltsstrom) ist ganz einfach: Bei Gleichstrom bleibt die Bewegungsrichtung immer die gleiche, bei Wechselstrom wechselt sie die Bewegungsrichtung in periodischen Abständen.

Nach diesen Ausführungen sollte man besser berechnen können, welche Solaranlage für einen in Frage kommt.

Kapitel 6: Thermische Solaranlage selber installieren

Natürlich muss der "richtige" Befestigungssatz für das jeweilige Dach gewählt werden. Danach geht es erstmal an die Montage der Anlagenhalterung, nach jeweiliger Bedienungsanleitung. Dies ist auch nicht schwieriger als einen Ikea-Schrank aufzubauen.

Danach werden die/der Kollektor(en) installiert. Bei zu viel Sonnenschein sollte man bis zum Betrieb die Kollektoren besser mit einem Bettlaken abdecken. Was übrigens auch bei längerem Stromausfall zu empfehlen ist.

Nachdem Speicher, Pumpengruppe, Solarsteuerung, Sicherheitsgruppe und Ausdehnungsgefäß an der gewünschten Stelle installiert sind, geht es an die Verrohrung und die Verkabelung. Außerdem braucht man einen Stromanschluss für die Umwälzpumpe in der Pumpengruppe.

Bei der Verrohrung zwischen Pumpengruppe und Speicher müssen die Kupferrohre mit hitzebeständigen Fittings (Verbindern) gepresst werden. Solche Sachen bekommt man beim Klempner oder im Fachhandel. Dort kann man auch nachfragen, ob man eine Presse ausleihen kann. Wer Heißlöten kann, kann es auch damit machen.

Ich habe zwar keine zwei linken Hände, sondern langjährige handwerkliche Erfahrungen, aber ich war erstaunt, wie einfach man die Anlage, die ich als Komplettset gekauft habe, selber installieren kann. Lediglich das "Börteln" der Edelstahl-Flexrohre musste ich mir mit einem einfachen Trick erklären lassen. Das Ganze funktioniert so: Man nimmt eine Münze (1 oder 2 Euro) je nach Größe des Dichtungsringes. Dann verschraubt man das Rohr mit dem Anlagenanschluss, nur dass man anstatt des Dichtungsringes das Geldstück nimmt. So legt sich das Metall an Ende des Rohres um, und der Dichtungsring kann abdichten (Abschrauben - Münze raus - Dichtungsring drauf und alles fest anschrauben). Siehe auch Skizze Seite 19. Mir hat es geholfen, ein Youtube-Video zu dem Thema anzusehen. Am besten nach Edelstahl-Wellrohr-Montage suchen. Auch beim Einhanfen von Dichtungen lohnt es sich bei mangelnder Kenntnis, ein Youtube-Video anzusehen. Ansonsten empfehle ich hier im Notfall Teflonband.

Danach wird die Solaranlage befüllt. Dazu braucht man eine Pumpe für Akkuschrauber oder Bohrmaschine, die es z.B. im KFZ-Handel für ein paar Euro gibt. Dann wird die Anlage mit Wasser und der empfohlenen Menge Frostschutzmittel befüllt. Man achte dabei darauf, dass es einen Einlauf und einen Auslauf gibt. Der Auslauf sollte natürlich mit einem installierten Schlauch in den Kanister ablaufen, aus dem sie die Anlage gerade befüllen. Dadurch wird die gesamte Luft aus der Anlage gespült. Die meisten Anlagen benötigen acht bis 15 Liter Flüssigkeit. Wenn so viel Flüssigkeit herauskommt wie reingepumpt wird, ist es Zeit, den Ablauf zu schließen und so lange weiter zu befüllen, bis ein Druck von 2,5 bar aufgebaut ist. Jetzt kann die Anlage in Betrieb genommen werden.

Man sollte es sich einfach zutrauen, es zu machen, um dann festzustellen, dass es gar nicht so schwierig ist. Und wenn alle Stränge reißen, kann man jederzeit einen Klempner anrufen.

Solarthermie als Heizungsunterstützung

Es gibt mehrere Möglichkeiten, eine Solarthermie-Anlage in den Heizkreis mit einzubinden. Hier einige Möglichkeiten:

Siehe Skizzen Seite 23/24

Kapitel 7: Bauplan Thermische Solaranlage

Die andere Möglichkeit ist, sich eine Solarthermie-Anlage selber zu bauen. Auch das ist leichter als gedacht und kostet nicht die Welt. Selbstgebaute Sonnenkollektoren können hinsichtlich der Leistung zwar kaum mit gekauften Kollektoren mithalten, können aber ausreichend genug sein, um den Tagesbedarf an Warmwasser oder den Pool aufzuwärmen oder das Gewächshaus zu unterstützen. Allerdings sollte man hier mindestens zwei bis vier dieser Solar-Kollektoren hintereinander schalten.

Hier die Schritt-für-Schritt-Anleitung und benötigte Materialien:

- 1 OSB oder Siebdruckplatte 120 x 60 x 2cm

- 2 Leisten, 116 x 4 x 2cm

- 2 Leisten, 60 x 4 x 2cm

- Styroporplatten, 1 cm stark

- Gartenschlauch

- Gartenschlauch abschnitte 28mm

- Sand, 10 Liter

- Lehm (3 Kg)

- schwarze Teichfolie

- Glas- oder Plexiglasscheibe

- Schrauben 4x40 cm ca. 30 St.

- Schrauben 5x40 cm 11 St.

- Glas oder Plexiglasplatte(n)

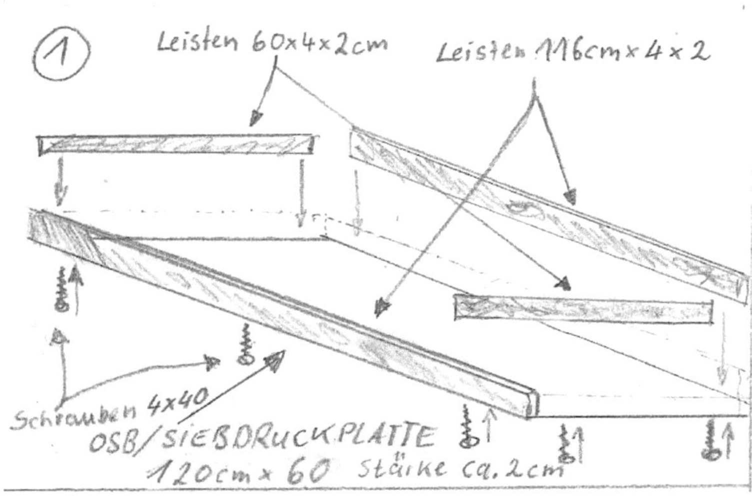

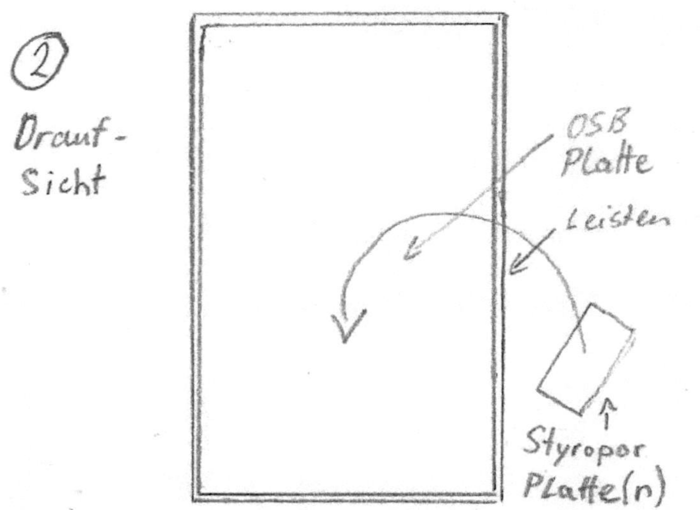

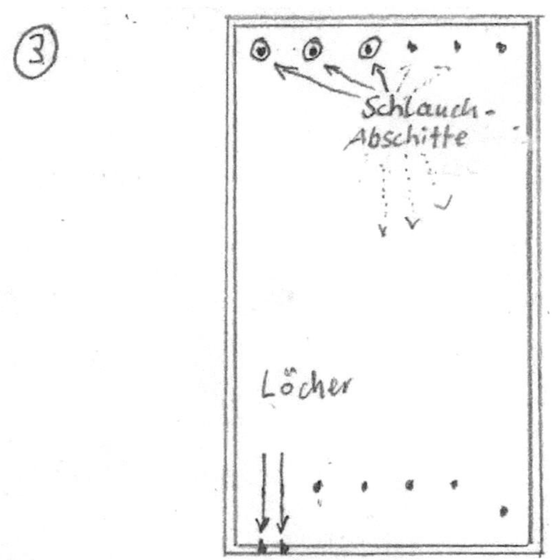

②
Drauf-
Sicht
OSB
Platte
Leisten
Styropor
Platte(n)

③
Schlauch-
Abschitte
Löcher

52

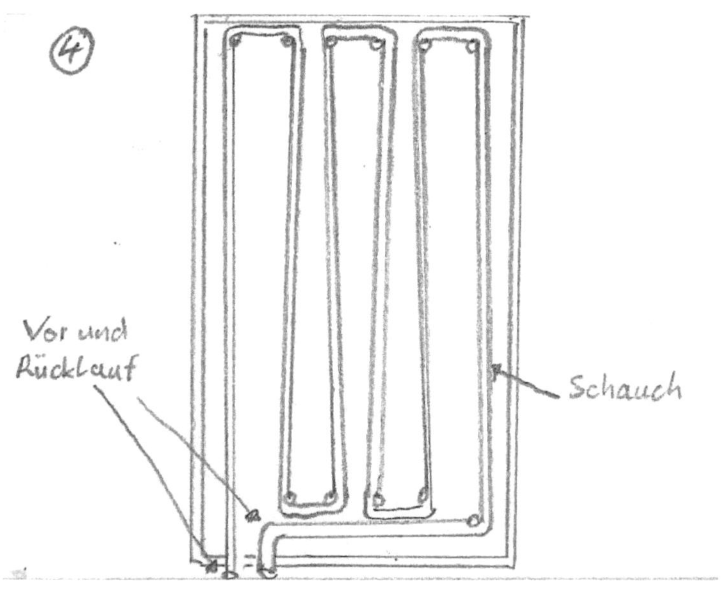

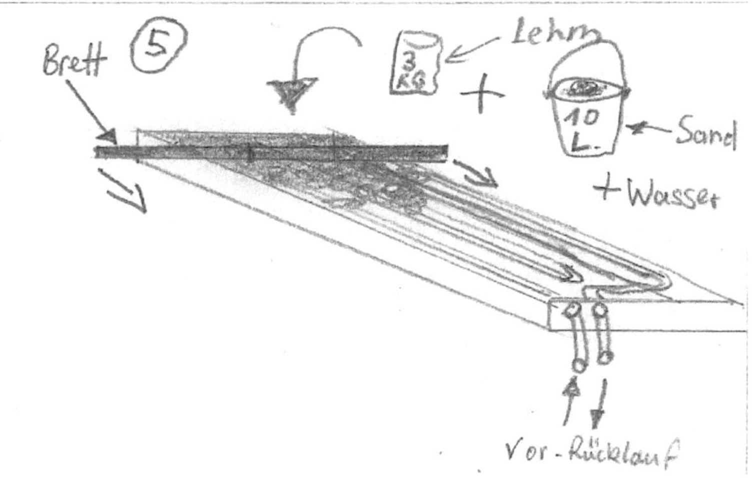

Lehm einige Tage trocknen lassen!

⑥ Teichfolie zuschneiden

⑦ 1. Löcher

2. Schrauben mit Unterlegscheiben

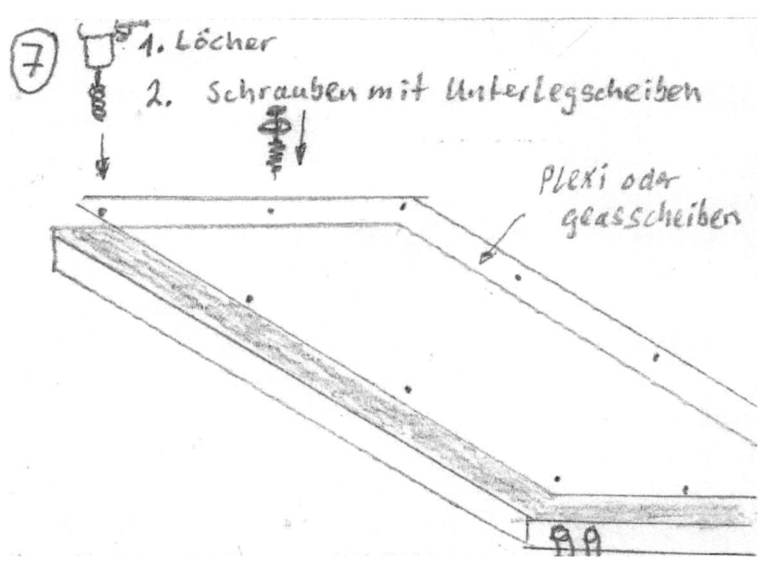

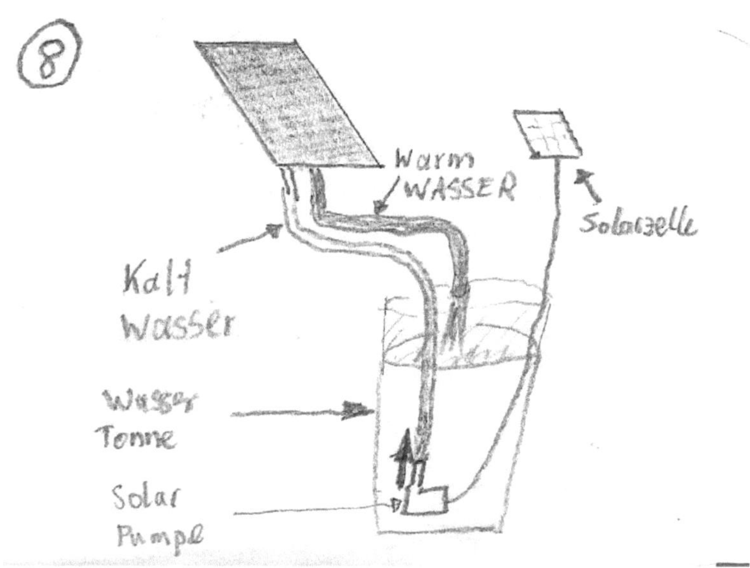

8
Warm
WASSER
Solarzelle
Kalt
Wasser
Wasser
Tonne
Solar
Pumpe

Kapitel 8: Photovoltaik-Anlage selber installieren

Eine Photovoltaik-Anlage ist eigentlich sehr einfach selber zu installieren. Bei Strom ist natürlich höchste Vorsicht geboten, und deshalb beschreibe ich hier nur das Beispiel einer Inselanlage zu Campingzwecken. Als erstes wird bzw. werden die Solarzelle(n) irgendwo installiert, wo sie möglichst nicht verschattet wird/werden, möglichst Richtung Süden. Für die Montage gibt es Aluminiumschienen (Bild 1), die an alle gängigen Dachtypen mit Hilfe spezieller Dachhaken (Bild 2) angebracht werden können.

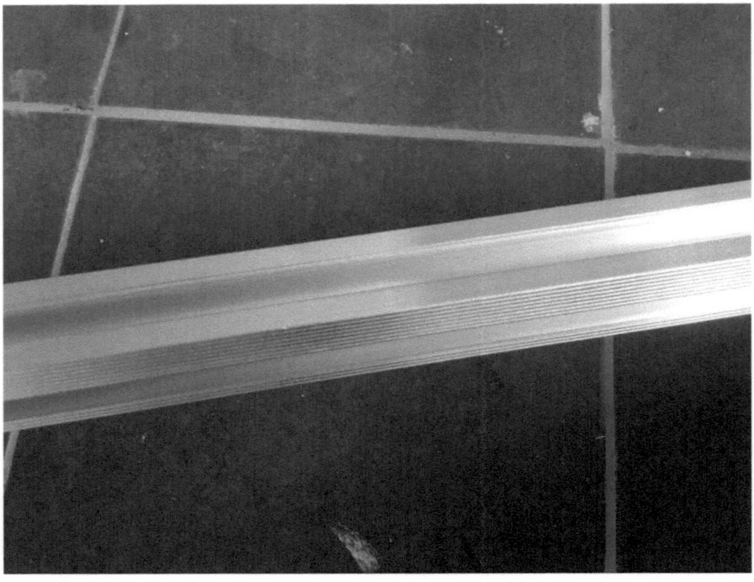

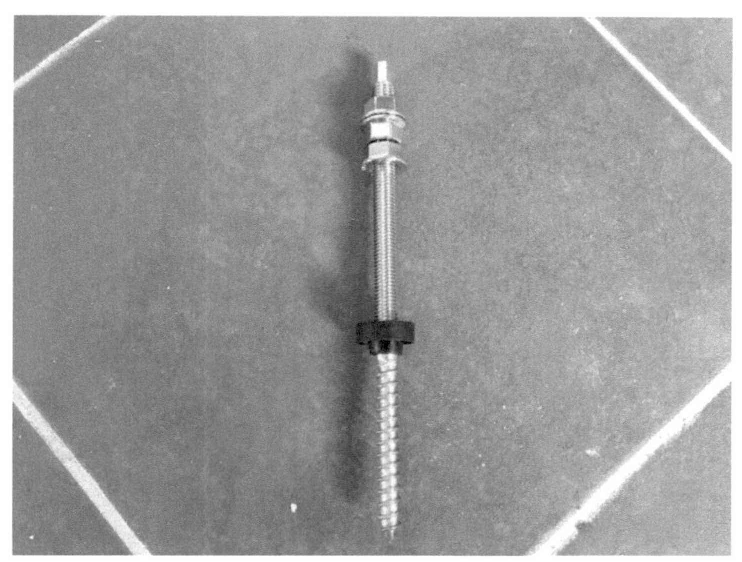

Die Solarmodule werden dann mit Klemmen an den Schienen angebracht.

Natürlich gibt es auch fertige Systeme zum Aufständern, so, dass die Solaranlage im besten Winkel zur Sonne steht oder sogar Wandmontage-Zubehör. Auch kann die Befestigung selbstgebaut werden, hierbei ist aber auf Sturm- und Schneelast zu achten. Wenn es mehrere Zellen sind, müssen diese zusammengeschlossen werden. Hierbei muss Plus an Minus und Minus an Plus der nächsten Zelle angeschlossen werden.

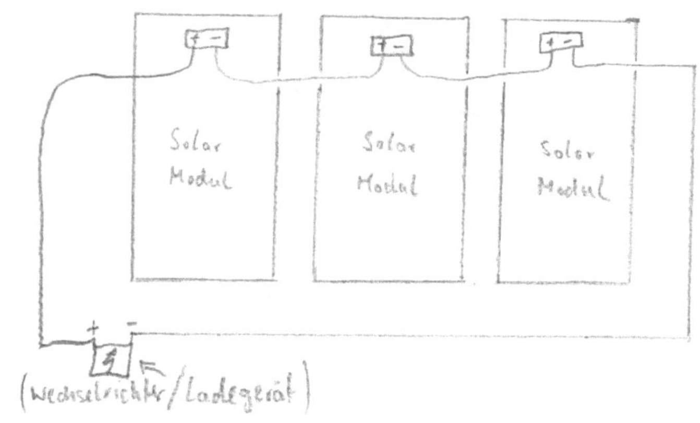
Solar
Modul
Solar
Modul
Solar
Modul
(Wechselrichter/Ladegerät)

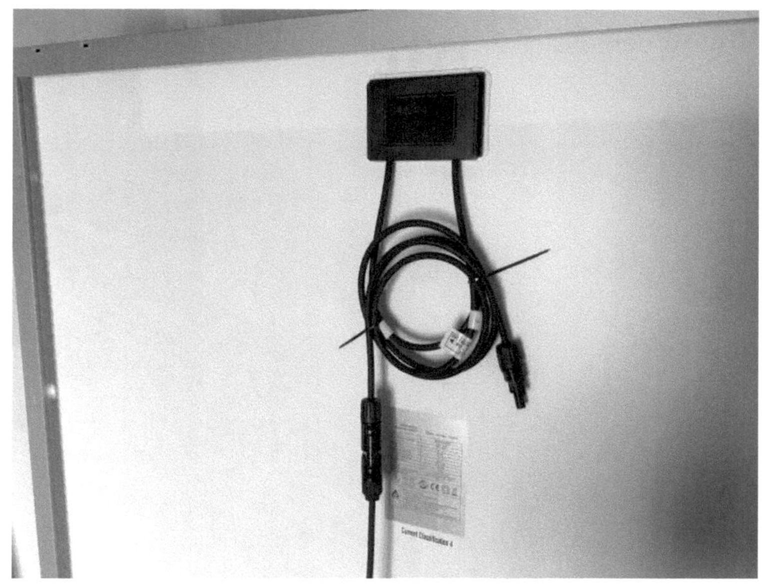

Dadurch verdoppelt sich die Volt-Zahl, und somit ist Vorsicht vor hohen Stromstärken geboten. Dann müssen die Solarkabel angebracht werden, einen Stromkreis nennt man hier String. Wenn zu viele Solarmodule zusammengeschaltet werden, kann die Spannung irgendwann sehr hoch sein, deshalb nimmt man hier meist zwei oder mehrere Strings, je nachdem, für wie viele Strings die Wechselrichter gebaut sind. Dies ist bei einer Inselanlage allerdings irrelevant. Nun werden Plus und Minus an das Batterieladegerät angeschlossen. Die Batterie wird ebenfalls an das Ladegerät angeschlossen. Bei einigen Ladegeräten wird auch der Verbraucher hier angeschlossen - oder direkt an die Batterie. Um aus der Batterie 230 Volt Wechselstrom zu bekommen, benötigt man einen Inverter.

Den bekommt man im Internet oder bei jedem größeren Supermarkt in der Autoabteilung. Hier ist immer die maximale Ausgangsleistung angegeben, z.B. 500 Watt. Es lohnt sich erfahrungsgemäß, hier etwas mehr Geld auszugeben und nicht die günstigsten Inverter zu kaufen. Und schon erntet man seinen eigenen Strom!

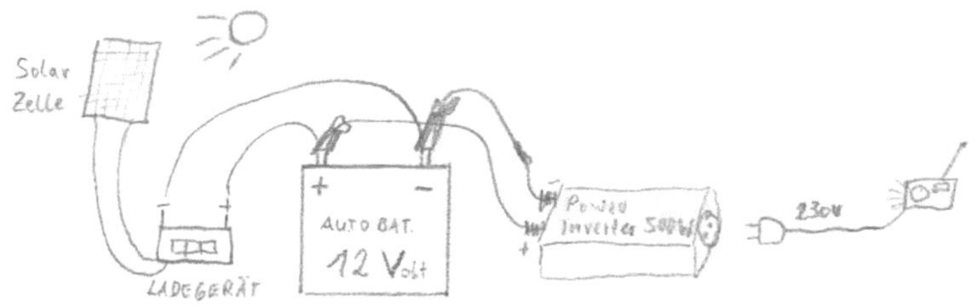

Kapitel 9: Welche Photovoltaik-Anlage wofür?

Hier einmal ein Überblick über die gängigsten Typen von Solaranlagen:

Die Unterschiede von Photovoltaikanlagen sind danach zu klassifizieren, ob sie an das öffentliche Netz angeschlossen sind und ob damit Solarstrom eingespeist werden kann, oder ob die Photovoltaikanlage als sogenannte Inselanlage unabhängig vom öffentlichen Stromnetz betrieben wird.

- Die Photovoltaik-Hausanlage:

Hier sind meist auf einer geeigneten Dachfläche so viele Solarmodule wie möglich installiert. Die meisten Einfamilienhäuser haben Anlagen zwischen vier und 16 KW, also ausreichend, um genug Strom für den Eigenverbrauch zu ernten und auch noch Strom einzuspeisen und diesen vergütet zu bekommen.

- Die Hybrid Photovoltaik-Anlage:

Optimal geeignet für Einfamilienhäuser, Ferienhäuser, Mobilheime und Camping. Hier besteht der Unterschied darin, dass die Wechselrichter mehr können, als nur aus Gleichstrom möglichst verlustfrei Wechselstrom zu machen. Sie können Batterien laden oder eine eingehende Stromquelle regeln, um so bei

Dunkelheit oder zu wenig Sonneneinstrahlung die Batterien zum Beispiel mit einem Generator oder dem normalem Stromnetz zu laden. So haben sie den großen Vorteil, dass sie nur ganz selten (je nach Strombedarf) externen Strom verbrauchen. Wenn die Sonne scheint, wird der Strom direkt verbraucht, und Überschüsse werden gespeichert. Wenn es dunkel ist oder zu wenig Sonneneinstrahlung stattfindet, wird der Strom aus den Batterien benutzt. Diese Anlagen haben meist Leistungen zwischen 1 KW und 5 KW.

- Die Inselanlagen:

Inselanlagen werden so genannt, weil es die klassischen, unabhängigen Solarsysteme für Orte sind, die über keine anderen Stromquellen verfügen. z.B. beim Camping. Hier wird wie in *Kapitel 7: Photovoltaik-Anlage selber installieren* beschrieben, eine Batterie durch ein Solarmodul über einen Laderegler geladen. Diese Anlagen haben meist Leistungen zwischen 50 Watt und 2 KW.

- Die Plug&Play-Solaranlage:

Diese Anlage ist besonders simpel und am besten für Häuser und auch Wohnungen geeignet. Die Solarmodule werden bestmöglich installiert, verkabelt und an den kleinen Wechselrichter angeschlossen. Dann wird nur noch der Stecker für die normale Steckdose eingestöpselt, und die Installation ist fertig. Diese

Anlagen haben meist Leistungen zwischen 500 Watt und 2 KW. Leistungen darüber hinaus würden auf Dauer die meisten Leitungen im Haus nicht gut vertragen. Es gibt auch Windräder mit diesem System sowie Mischvarianten. Die Stromrechnung kann somit sofort drastisch gesenkt werden, vorausgesetzt, man verbraucht den Strom, wenn die Sonne scheint (Wäsche waschen, Staubsaugen...). Man sollte sich allerdings dringend vorher informieren, ob diese Anlagen offiziell mit dem jeweiligen Stromzähler betrieben werden dürfen. Oft sind diese Anlagen, wie auch die Insel- und Hybridanlagen, in Sets mit allem Zubehör zu bekommen.

- Die Solarthermie-Anlage:

Diese Anlage produziert keinen Strom sondern Wärme in Form von warmem Wasser, das entweder dazu genutzt wird, das Brauchwasser zu erwärmen, die Heizung zu unterstützen oder beides. Diese Anlagen gibt es in verschiedenen Größen.

Solarakkus:

Normale Autobatterie 12 Volt 100 Ah

Kleiner Gelakku 12 Volt 7,2 Ah

Solarbatterien 12 Volt 100 Ah

Ladegerät (China)

Kapitel 10: Weitere Verwendungszwecke von Solaranlagen

Solaranlagen werden überwiegend überall dort eingesetzt, wo elektrischer Strom fehlt. Ob bei Straßenbeleuchtungen, in der Raumfahrt für Satelliten oder in kleinster Form bei Taschenrechnern sind in unserer Welt diese nützlichen Helfer kaum noch wegzudenken.

Der große Vorteil ist eben mittlerweile der, dass die Solarzellen relativ leicht und günstig herzustellen sind und den Strom, den sie für ihre Herstellung verbraucht haben, schnell wieder produziert haben. Natürlich sind Solaranlagen in unseren Breitengraden nicht so effektiv wie in der Nähe des Äquators oder an Stellen der Welt, wo bekanntermaßen die Sonne deutlich mehr scheint, aber die Solarzellen könnten leicht 20 Prozent der jetzt noch durch Kohle- und Atomkraft produzierten Energie ersetzen. So gesehen stehen wir gerade am Anfang des Solarausbaues. Im Gegensatz zu Windrädern, die erheblich länger brauchen, um die Energie zu erzeugen, die man für deren Herstellung benötigt, erzeugen Solarzellen keinen Infraschall. Auch die Landschaft wird durch sie nicht verschandelt, Tier- und Pflanzenwelt nicht beeinträchtigt, und Arbeitsplätze schafft der vermehrte Einsatz zur Stromproduktion von Solarzellen genauso.

Mal rein hypothetisch angenommen, man möchte eine Bushaltestelle bauen, weil man ab heute immer mit dem Bus zur Arbeit fahren will, und holt sich einen Kostenvoranschlag. Die Erdarbeiten für die Elektroleitungen schlagen mit 2000 Euro zu Buche, wenn man aber das Dach mit Solarmodulen deckt, kostet das mit allem Drum und Dran gerade einmal 1000 Euro. Man spart nicht nur Geld beim Bau sondern hat auch eine niedrigere Stromrechnung. Alle acht Jahre einen neuen Akku zu kaufen, ist da allemal drin.

Aber in der Praxis ist es doch meistens so, dass z.B. Licht oder Strom für eine Gartenhütte oder für das Baumhaus der Kinder oder einfach nur für eine schöne Gartenbeleuchtung mit Solartechnik nicht nur umweltfreundlicher, sondern mittlerweile auch günstiger zu betreiben ist. Auch Handys oder I-Pads lassen sich meist über einen USB-Anschluss aufladen. Dafür gibt es auch ein Solarladegerät, das für wenig Geld fast überall zu haben ist. Hat man erstmal angefangen, Solar in sein Leben zu lassen, bringt es zwangsläufig ein gutes Gefühl mit sich, gleichzeitig etwas für die Umwelt zu tun.

Nach einem heftigen Sturm hatten wir einmal drei Tage keinen Strom mehr. Nicht einmal telefonieren konnten wir. Erst da merkten wir, wie sehr man auf Strom angewiesen ist. Es wurde bitterkalt, und die Kerzen waren auch schnell abgebrannt. Schnellstmöglich installierten wir ein Notstromsystem, bestehend aus einer Solarzelle mit 50 Watt peak, einem Laderegler und einer Autobatterie sowie einem Spannungswandler mit 500 Watt Maximalleistung. Wir konnten dadurch mehrere Lampen, den Fernseher, Radio und die Heizungspumpe des wasserführenden Kaminofens betreiben.

Die Investition hielt sich mit etwas unter 100 Euro

auch wirklich im Rahmen, da wir die Autobatterie noch über hatten. Wir möchten diese Notstromversorgung nicht mehr missen!

In diesem Sinne: Viel Spaß mit Ihrer Solaranlage…

Besuchen Sie auch:

www.dieselbstversorgerfamilie.com

&

www.solaranlagen-tests.de